AF310777

OBSERVATIONS

MÉTÉOROLOGIQUES

EN BALLON.

(RÉSUMÉ DE 25 ASCENSIONS AÉROSTATIQUES);

PAR

Gaston TISSANDIER.

PARIS,

GAUTHIER-VILLARS, IMPRIMEUR-LIBRAIRE
DU BUREAU DES LONGITUDES, DE L'ÉCOLE POLYTECHNIQUE,
SUCCESSEUR DE MALLET-BACHELIER,
Quai des Augustins, 55.

1879.

OBSERVATIONS

MÉTÉOROLOGIQUES

EN BALLON.

4361   PARIS. — IMPRIMERIE DE GAUTHIER-VILLARS,
Quai des Augustins, 55.

ACTUALITÉS SCIENTIFIQUES.

OBSERVATIONS

MÉTÉOROLOGIQUES

EN BALLON.

(RÉSUMÉ DE 25 ASCENSIONS AÉROSTATIQUES);

PAR

GASTON TISSANDIER.

PARIS,

GAUTHIER-VILLARS, IMPRIMEUR-LIBRAIRE

DU BUREAU DES LONGITUDES, DE L'ÉCOLE POLYTECHNIQUE,

SUCCESSEUR DE MALLET-BACHELIER,

Quai des Augustins, 55.

1879

(Tous droits réservés.)

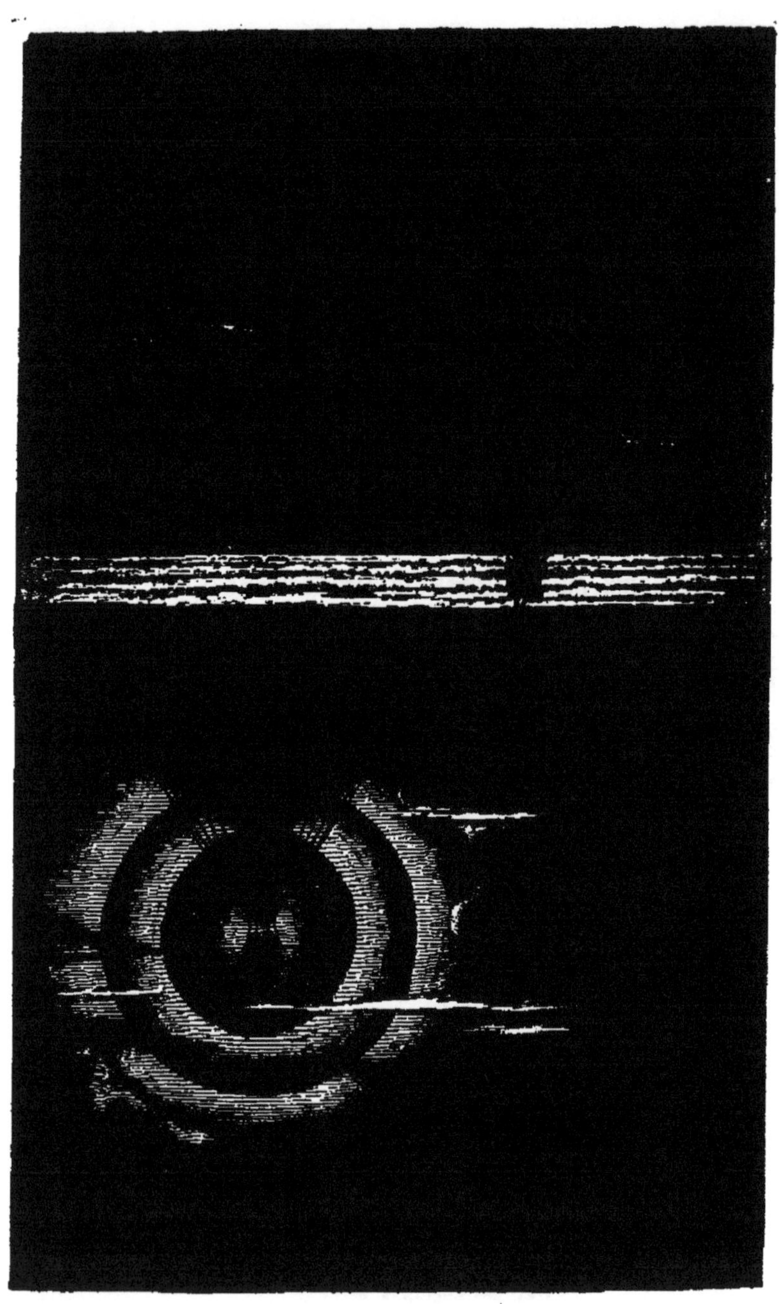

Phénomène d'optique observé en ballon (16 février 1873), d'après nature,
par M. Albert Tissandier.

OBSERVATIONS

MÉTÉOROLOGIQUES

EN BALLON [1].

Vitesse des courants aériens, sa variation avec l'altitude. — Influence des dépressions du sol sur le vent.

Le ballon est le plus exact des anémomètres : non-seulement il donne la vitesse exacte du courant aérien où il est plongé, mais il indique avec précision la route que ce courant a suivie au-dessus du sol, et qui est précisément celle de l'aérostat lui-même.

Les vents superficiels qui soufflent à la surface de la terre ne donnent souvent à l'observateur que

---

[1] La plupart de mes ascensions ont été faites avec mon frère, M. Albert Tissandier, qui a retracé à l'aide du crayon les innombrables spectacles aériens observés, effets de nuages, phénomènes lumineux, etc. Quelques-unes d'entre elles ont été exécutées sous les auspices de l'Académie des Sciences, de l'Association scientifique de France, de l'Association française pour l'avancement des Sciences, de la Société de navigation aérienne et avec le concours de plusieurs savants. A tous ceux qui nous ont aidés, nous adressons le témoignage de nos remercîments les plus sincères.

des renseignements très incomplets sur le courant général et dominant qui s'étend dans les hautes régions et quelquefois au-dessus d'un épais massif de nuages.

Dans notre voyage du 7 février 1869, tandis que le vent à terre était très modéré, M. de Fonvielle et moi, nous avons été entraînés au-dessus des nuages par un courant sud-ouest très-chaud, qui nous a emportés avec une vitesse considérable de 150^{km} environ à l'heure, et qui nous a transportés, dans l'espace de trente-cinq minutes, de Paris à Neuilly-Saint-Front, au delà de Château-Thierry.

Quelquefois une légère brise souffle à terre et le vent est tout à fait nul dans les régions plus élevées de l'atmosphère. Lors de notre voyage du 11 avril de la même année, nous sommes restés en ballon, de 1500^m à 2000^m d'altitude, exactement au-dessus de notre point de départ, dans une situation d'immobilité absolue pendant plus d'une heure consécutive.

Généralement le vent augmente de vitesse à mesure que l'on s'élève dans l'atmosphère. Cette règle est presque absolue. Elle est mise en évidence par les ascensions à grande hauteur, pendant lesquelles le ballon parcourt des chemins considérables dès qu'il a atteint les hautes régions.

Le vent suit horizontalement les dépressions terrestres jusqu'à une hauteur que nos observations successives nous permettent d'estimer à 600^m ou 800^m environ.

Le diagramme que nous avons tracé de l'ascension de longue durée du ballon *le Zénith,* les 23 et 24 mars 1875, montre, en effet, que l'aérostat suivait à plusieurs reprises les proéminences du sol et s'élevait de lui-même par un vent ascendant quand il passait au-dessus d'une colline. Ce fait est surtout rendu manifeste par son passage successif à 600^m au-dessus de plusieurs monticules. L'aérostat s'est, en outre, fréquemment éloigné de la ligne droite, ce qui prouve d'une façon certaine que les courants aériens ne se meuvent pas toujours suivant des directions rectilignes. La vitesse du vent pendant ce voyage, le plus long comme durée qui ait jamais été exécuté, a, de plus, subi des variations très appréciables, comme le montre le Tableau ci-joint, que nous empruntons au Rapport publié dans le bulletin *l'Aéronaute,* par Crocé-Spinelli, Sivel, A. Tissandier, M. Jobert et moi :

Heures.	Altitudes.	Direction du vent.	Vitesse par seconde.	Température à terre.
h m				
7 S....	700	»	7,70	—0
11.20 S....	750	N$\frac{1}{4}$NE...........	6,80	»
1 M ...	1000	»	5,80	»
2.40 M ...	900	Entre NNE. et NE..	6,00	»
3.45 M ...	950	»	7,70	»
4 M ...	1000	N$\frac{1}{4}$NE...........	7,40	»
5.20 M ...	1000	NNE.............	12,00	—3
7 M ...	1700	Entre NNE. et NE..	5,90	—2
9.38 M ...	750	»	8,25	+4
10.30 M ...	650	»	6,66	+8

A partir de 11^h, le courant nord-nord-est supérieur possède une vitesse de 3^m à 4^m par seconde, tandis que le courant inférieur nord-ouest, dont l'épaisseur varie de 600^m à 200^m, possède d'abord une vitesse de 7^m à 8^m à la seconde et atteint 12^m à la seconde à 5^h du soir, à l'atterrissage.

Le tracé de notre voyage a mis encore en évidence des variations très appréciables dans la vitesse du vent, qui fait environ 5^m à la seconde pendant la nuit, 10^m au lever du soleil, et qui diminue de vitesse dans les hautes régions, contrairement à ce qui a lieu habituellement, comme nous l'avons dit précédemment.

Courants aériens superposés.

Il arrive fréquemment que les nuages suspendus dans l'atmosphère suivent des directions sensiblement différentes de celle du vent qui souffle à la surface de la terre, quelquefois diamétralement opposées. Plusieurs courants aériens distincts peuvent ainsi se trouver superposés dans l'atmosphère. Les voyages en ballon permettent de constater bien des faits de ce genre qui échappent aux observateurs terrestres.

Le diagramme ci-contre (*fig.* 1) reproduit les remarquables circonstances atmosphériques que j'ai observées le 16 août 1868, lors de mon ascension faite avec M. Duruof au-dessus du détroit du Pas-de-Calais.

Deux courants aériens bien distincts étaient
superposés dans l'air. Le courant inférieur régnait
de la surface de la terre et de la mer jusqu'à l'altitude de 600^m. Il avait une température de 13° C. Il
se dirigeait du nord-est vers le sud-ouest. A sa
partie supérieure, des nuages floconneux et blancs,
isolés les uns des autres par de petits intervalles,
étaient réunis sur un même plan horizontal en

Fig. 1.

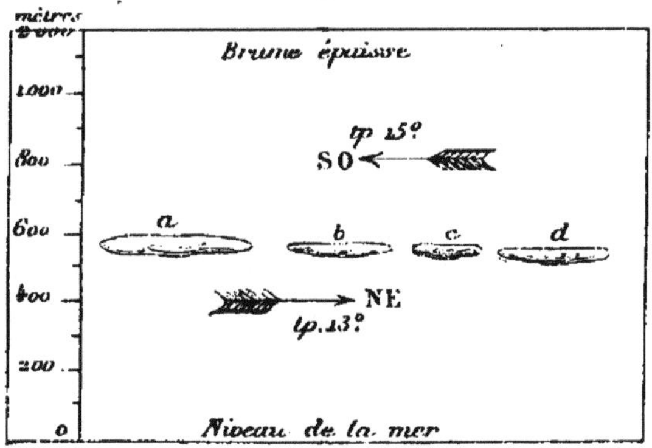

nombre considérable. Ils flottaient à la surface
supérieure du courant aérien, en suivant la même
direction. Ces cumulus étaient arrondis et mame-
lonnés ; leur épaisseur était faible et ne dépassait pas
une dizaine de mètres. La surface supérieure de ces
nuages était unie et située exactement sur le même
plan *abcd*. Il est probable qu'ils étaient arrêtés ou
dissous par le courant supérieur qui glissait au-
dessus dans une direction sensiblement opposée,
du sud-ouest au nord-est. Par un singulier effet de
perspective, cette succession de mamelons de va-

peur, considérée à l'altitude de 1600ᵐ, semblait prendre naissance d'un côté de l'horizon pour disparaître de l'autre; ils étaient entraînés par le courant inférieur qui se mouvait avec une vitesse de 48ᵏᵐ à 50ᵏᵐ à l'heure : aussi les voyions-nous courir avec une rapidité considérable, puisque nous nous mouvions nous-mêmes au sein du courant supérieur, avec une vitesse de 32ᵏᵐ à 36ᵏᵐ à l'heure, en sens inverse.

Nous avons constaté la présence du courant supérieur jusqu'à l'altitude de 1700ᵐ, point culminant de notre ascension. La température était de 15°. A cette hauteur, nous apercevions d'autres nuages qui paraissaient suspendus à quelques centaines de mètres au-dessus de nos têtes : ils formaient probablement la limite supérieure du second courant aérien et étaient peut-être surmontés d'un troisième courant; mais il ne nous est pas permis d'émettre à cet égard autre chose que des conjectures.

Les courants aériens superposés ne sont pas toujours séparés par une couche de nuages, comme nous l'avons constaté lors de notre ascension de Calais. Il arrive même très fréquemment que rien ne peut en indiquer l'existence aux observateurs à la surface de la terre. Voici les faits que nous avons recueillis au sujet de courants superposés se mouvant dans des directions inverses au sein d'une atmosphère dépourvue de nuages.

27 juin 1869, ascension dans le ballon le Pôle

Nord, *exécutée au Champ de Mars, à Paris.* —
De la surface de la terre à l'altitude de 285o^m, le
vent est nord-nord-est; au-dessus de cette hauteur
le ballon est saisi par un courant sud-sud-ouest.
Aucun signe apparent n'indique le point de séparation de ces deux courants. Notre brusque change-
ment de direction, apprécié en considérant la
surface terrestre, nous en fait seul reconnaître
l'existence.

8 novembre 187o, *ascension du ballon* le Jean-
Bart; *tentative de retour dans Paris assiégé.* —
Au-dessus de la forêt de Rouvray, près de Rouen,
à 6^h 3o^m du soir, de o^m à 2oo^m, vent superficiel du
nord. Au-dessus, jusqu'à 32oo^m, vent est-nord-
est et un peu plus tard nord-est.

4 octobre 1873, *ascension exécutée à* 12^h 3^m, *de
l'usine à gaz de la Villette, Paris.* — Au moment
du départ, le vent est ouest-nord-ouest, tandis que
vers l'altitude de 7oo^m le courant supérieur est
sud-ouest. Les observateurs à terre nous ont vus
décrire une courbe très prononcée, comme l'indique le tracé de notre voyage. Il n'y avait pas de
nuages dans l'atmosphère. La descente s'est effec-
tuée à Crouy-sur-Ourcq. En nous rapprochant de
terre, nous avons été repris par le courant inférieur
qui nous a ramenés sur notre route, comme au
moment du départ (*fig.* 2). Mais la courbe avait
un plus grand développement. Les vitesses de ces
deux courants superposés étaient très différentes.
Le courant supérieur avait une vitesse de 35^km à

l'heure. La vitesse du courant inférieur n'était que de 6^{km} à 7^{km}, ainsi que M. Paul Henry, astronome, qui nous accompagnait, a pu le constater très exactement en observant la différence des temps du passage du ballon sur une ligne terrestre. La vitesse du courant supérieur a été obtenue exactement, connaissant la durée de notre voyage et la longueur du chemin parcouru.

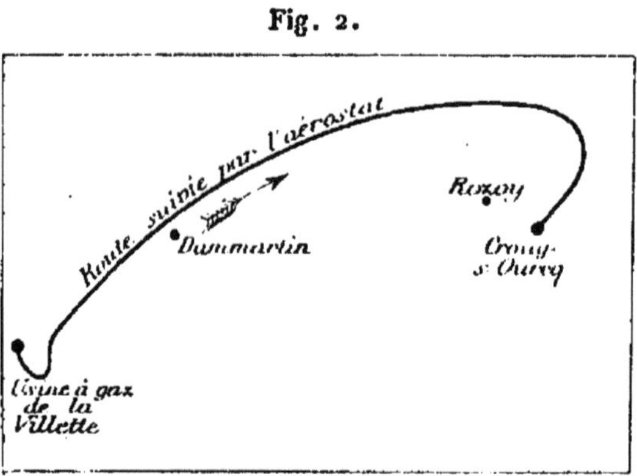

Fig. 2.

24 mars 1875, ascension de longue durée du ballon le Zénith. — Le 24, à midi, après avoir traversé la Gironde près de son embouchure, le ballon plane au sein d'un courant nord-nord-est, tout près du bord de la mer. Ce courant règne depuis les hautes régions de l'atmosphère jusqu'à l'altitude de 5oo^{m}, où le vent est nord-ouest; le courant inférieur est très humide, tandis que le courant supérieur est d'une sécheresse presque absolue, comme nous l'avons constaté, Crocé-Spinelli et moi, à l'aide de l'hygromètre à point de rosée. Il n'y avait aucun nuage, aucune vapeur entre les deux courants aériens; mais, contrairement à ce que j'avais observé précédemment, le passage de l'aérostat de la couche d'air supérieure dans la couche d'air inférieure fut signalé par des mouvements de rotation renouvelés et énergiques. Le ballon tourbillonnait, oscillait, tremblait, comme il ne le fait jamais quand il est bien équilibré au sein d'un courant aérien homogène. Il y avait incontestablement ce jour-là, entre les deux courants, des remous, des sortes de vagues aériennes dont l'aérostat subissait l'influence; il se produisait sans doute entre les deux courants des mouvements de fluides, analogues à ceux qui existeraient à la surface inférieure d'une couche d'huile glissant sur une nappe d'eau. J'ajouterai que le courant inférieur a été en diminuant d'épaisseur jusqu'à la fin du jour, où il n'avait plus qu'une hauteur de 150^{m}. En même temps qu'il devenait plus mince, il augmentait très-sensiblement de vitesse. Le courant supérieur nord-nord-est, dont l'existence échappait ainsi aux observations terrestres, continuait à régner uniformément. C'était le courant dominant et général.

Si, comme nous venons de le voir dans ces faits, les courants de directions et de propriétés différentes peuvent être superposés dans l'atmosphère sans que des nuages les séparent, la présence de nuages au sein de l'air n'implique pas non plus l'existence de deux courants différents. Presque toujours les bancs de nuages sont suspendus à la limite de séparation des deux courants ; mais cela n'est pas absolument général, et nous avons quelquefois suivi exactement la même direction au-dessus des nuages comme au-dessous. Ajoutons que quelquefois la route suivie par l'aérostat à des hauteurs différentes peut varier faiblement de direction, mais le fait peut facilement échapper à l'observateur, si l'angle formé par les directions différentes est très-faible.

Nuages, leur aspect, leur couleur, leur hauteur dans l'atmosphère.

Les nuages au milieu desquels l'aéronaute peut se trouver plongé offrent des aspects très-variés. Pendant mon voyage de Calais (16 août 1868), je me suis trouvé plongé dans des nuages si sombres, si épais, qu'ils interceptaient presque complètement la lumière solaire. Nous étions enveloppés par des vapeurs d'un gris foncé, tellement denses, que la vue de l'aérostat avait complètement disparu. C'est à peine si je pouvais apercevoir mon compagnon de voyage, M. Duruof, placé cependant tout à côté de moi. Cette vapeur d'eau était sèche et ne se condensait nullement en eau. Sa température était de 14°.

Les cumulus sont souvent d'un blanc éblouissant, même quand on se trouve plongé dans leur masse. On est parfois environné d'une vapeur blanche opaline qui paraît être lumineuse, et sa présence n'empêche pas de distinguer nettement les objets voisins.

Les nuages de pluie sont formés d'une vapeur analogue à celle de nos brouillards terrestres.

Les cirrhus et les nuages de glace offrent un aspect tout particulier, dont nous réservons la description pour un des Chapitres suivants.

Les nuages forment souvent, au-dessus de la surface terrestre, de véritables bancs de vapeur, dont la surface supérieure présente des aspects des plus variés. Cette surface est tantôt mamelonnée comme une mer de glace; elle est alors tout à fait blanche, avec des éclats argentés quand la lumière du Soleil s'y réfléchit. Les mamelons qui y forment des proéminences plus ou moins considérables projettent des ombres tout à fait noires et acquièrent ainsi un relief extraordinaire. Ces masses de nuages, ainsi vues de haut en bas, prennent l'apparence de masses solides semblables à d'immenses amas de neige.

Les effets de coucher de soleil sont admirables au-dessus de ces océans nuageux; les couleurs les plus vives s'y observent comme dans les pays tropicaux, et les massifs de vapeur se colorent en rouge éclatant, en violet, et prennent tour à tour l'apparence de l'or ou de la pourpre.

Les nappes de vapeur forment parfois aussi de grands plateaux unis qui, vus d'en haut, ressemblent à des lacs à l'eau tranquille.

Quand l'aéronaute plane au milieu d'un amas de vapeurs semi-transparentes, il se croit situé au centre d'un véritable cirque de nuages qui paraît se déplacer avec lui. Pendant une notable partie de notre voyage du 13 septembre 1868, nous planions au milieu d'un semblable cirque de nuages, ayant un diamètre apparent d'au moins 150° de valeur angulaire. Ce cercle, très régulier, très homogène, un peu plus foncé du côté de l'orient que du côté opposé, produisait un spectacle saisissant. Le ciel était très pur, surtout dans le voisinage du zénith, et la terre ne cessait pas d'être entrevue au-dessous de la nacelle, même au moment où l'aérostat est parvenu au maximum de sa hauteur, à 2850^m. Cet effet de cirque de vapeurs est probablement dû à la transparence de certains nuages, qui ne se laissent entrevoir que sous une certaine épaisseur ; il se présente aussi avec les cirrhus, comme nous le verrons dans la suite. Vus dans la verticale sous une faible épaisseur, ces nuages sont transparents ; mais, considérés sous une grande épaisseur et horizontalement, ils sont opaques ; ils s'aperçoivent à une certaine distance de l'œil et produisent ainsi l'aspect d'un cercle tout autour de l'observateur.

La hauteur à laquelle les nuages se trouvent suspendus au-dessus de la surface terrestre est très variable. Nous avons rencontré, le 22 septembre 1874, un épais massif de nuages qui s'étendait au-dessus de la terre, à partir de l'altitude de 150^m.

Sa surface supérieure se terminait à 600^m. Au-dessus, le ciel était d'un bleu très intense. Les cumulus blancs sont très souvent suspendus à des altitudes variant de 1500^m à 2000^m. Souvent au-dessus d'un amas de nuages, on en rencontre un autre à un étage supérieur; quelquefois même plusieurs bancs de nuages peuvent se trouver ainsi successivement échelonnés dans l'atmosphère. Les cirrhus n'existent qu'à des niveaux très élevés; il est rare d'en traverser avant 5000^m ou 6000^m. Dans l'ascension à grande hauteur du *Zénith,* il y avait, à 8000^m, un banc de cirrhus très abondant, et l'on apercevait encore d'autres légers amas de nuages semblables à des altitudes supérieures. La planche ci-jointe (*fig.* 3) donne le résumé de nos observations sur l'altitude des nuages. Les nuages marqués d'une croix (+) sont ceux que nous n'avons pas observés de près, mais dont nous avons constaté l'existence et l'altitude approximative à des niveaux inférieurs. Tous les autres ont été traversés pendant l'ascension. Nos observations, comme on le voit, portent sur vingt-cinq ascensions, exécutées depuis le niveau de la mer jusqu'à l'altitude de 8600^m, point le plus élevé qui ait été atteint par des aéro-nautes français. Dans ce Tableau, les courants aériens sont indiqués par des flèches; ces courants avaient des directions variables avec l'altitude, lors des ascensions I, VII, X, XII, XVIII, XIX, XX et XXIV. On voit que souvent plusieurs couches de nuages se trouvent échelonnées les unes au-dessus des autres dans l'atmosphère (I, II, IV, V, XI, XVI, XXII, XXIII, XXIV, XXV).

Nous complétons les documents figurés par le Tableau de la *fig.* 3, en donnant la date, la durée et les lieux de départ et d'atterrissage de chacune des vingt-cinq ascensions qu'il représente :

I.	16 août 1868, 4^h à 7^h du soir.	De Calais au cap Gris-Nez, au-dessus de la mer du Nord.
II.	13 septembre 1868, 12^h à 5^h du soir.	De Paris à Laigle (Orne).
III.	8 novembre 1868, 11^h25^m du matin à 1^h15^m du soir.	De Paris à Chennevières-sur-Marne.
IV.	8 novembre 1868 (suite du voyage précédent, après atterrissage) 3^h à 5^h15^m du soir.	De Chennevières à Vert-Saint-Denis.
V.	7 février 1869, 11^h35^m à 12^h10^m du soir.	De Paris à Neuilly-Saint-Front (Aisne).
VI.	11 avril 1869, 3^h à 5^h30^m du soir.	De Paris au cimetière Clichy.
VII.	26 juin 1869, 6^h45^m à $9^h.45$ du soir.	De Paris à Auneau, près Chartres.
VIII.	1er août 1869, 6^h40^m à 7^h30^m du soir.	De Dijon à Rouvres.
IX.	30 septembre 1870, 9^h30^m à 11^h5^m du matin.	De Paris à Dreux.
X.	14 octobre 1870, 1^h30^m à 5^h30^m du soir.	De Paris à Montpotier, près Nogent-sur-Seine. Voyage exécuté par M. A. Tissandier.
XI.	7 novembre 1870, 11^h du matin à 3^h45^m du soir.	De Rouen à Romilly-sur-Andelle.

XII.	8 novembre 1870, 4ʰ30ᵐ à à 9ʰ30 du soir.	De Romilly à Heurtrauville (Seine-Inférieure).
XIII.	29 mai 1872, 7ʰ10ᵐ à 7ʰ50ᵐ du soir.	De Paris à Longjumeau.
XIV.	3 juin 1872, 5ʰ30ᵐ à 7ʰ30ᵐ du soir.	De Paris à Combs-la-Ville, (Seine-et-Marne).
XV.	8 juin 1872, 5ʰ05ᵐ à 6ʰ10ᵐ du soir.	De Paris à Saint-Firmin (Oise).
XVI.	27 juin 1872, 7ʰ15ᵐ à 8ʰ45ᵐ du soir.	De Paris à Meaux (Seine-et-Marne).
XVII.	16 février 1873, 11ʰ17ᵐ du matin à 3ʰ du soir.	De Paris à Montireau, près Chartres.
XVIII.	4 octobre 1873, 12ʰ3ᵐ à 2ʰ15ᵐ du soir.	De Paris à Crouy-sʳ-Ourcq (Seine-et-Marne).
XIX.	24 septembre 1874, midi à 3ʰ15ᵐ du soir.	De Paris à Nogeon (Oise).
XX.	23-24 mars 1875, 6ʰ20ᵐ du soir le 23 mars à 5ʰ du soir le 24 mars.	De Paris à Arcachon (Gironde).
XXI.	15 avril 1875, 11ʰ35ᵐ du matin à 4ʰ du soir.	De Paris à Ciron (Indre). Catastrophe du *Zénith*.
XXII.	29 novembre 1875, 11ʰ40ᵐ du matin à 2ʰ30ᵐ du soir.	De Paris aux Dauxfrais, près Chartres.
XXIII.	29 septembre 1877, 3ʰ20ᵐ à 5ʰ20ᵐ du soir.	De Paris à Chavenay (Seine-et-Oise).
XXIV.	30 juin 1878, 6ʰ45ᵐ à 8ʰ du soir.	De Paris à Torcy (Seine-et-Marne).
XXV.	7 juillet 1878, voyage exécuté par M. A. Tissandier, 6ʰ30ᵐ à 8ʰ15ᵐ du soir.	De Paris à Breuil, près Rozoy (Seine-et-Marne).

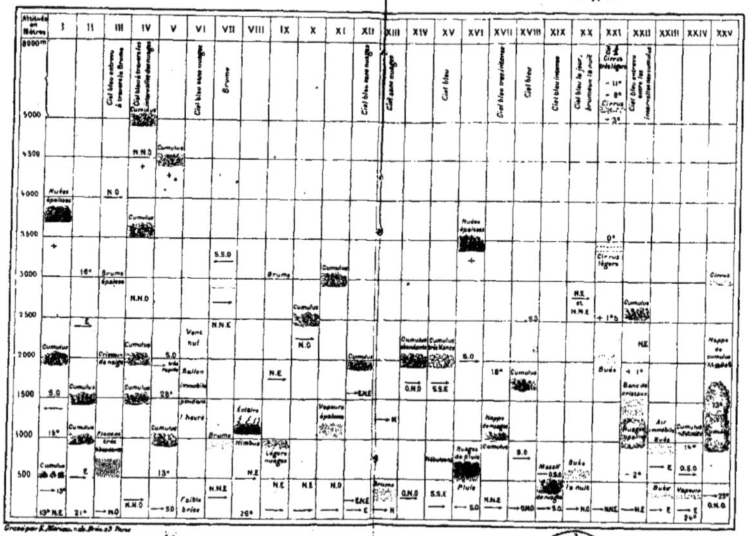

Gravé par E. Mérian, r. de Brie 23 Paris

Fig. 3 . — Altitude et nature des nuages; direction des courants aériens, etc., observés dans le cours de vingt-cinq ascensions aérostatiques de 0ᵐ à 8600ᵐ.

CONTRÔLE — BIBLIOTHÈQUE NATIONALE — IMPRIMÉS

Cristaux et aiguilles de glace aériens. — Cirrhus.

Les halos solaires et lunaires et les phénomènes qui accompagnent ces météores ont, depuis longtemps, fait supposer aux physiciens que les hautes régions de notre atmosphère peuvent tenir en suspension des aiguilles de glace cristallisées, dont l'action sur les rayons lumineux est susceptible de fournir la cause de ces apparitions. Huyghens le premier, en essayant de rendre compte des halos, supposa qu'il se trouvait dans l'air des globules de glace entourés d'eau. Mais cette théorie, que nul fait connu n'accrédite, ne tarda pas à être abandonnée. C'est Mariotte, vers le milieu du XVIIIe siècle, et, un peu plus tard Venturi, qui furent conduits à rechercher la cause des halos et des parhélies dans la présence au sein de l'atmosphère de prismes de glace à angles réfringents de 60°. Cette théorie a été reprise par Brewster et par Arago, puis adoptée par tous les physiciens, parmi lesquels nous mentionnerons spécialement Fraunhofer, Young, Brandes, Galle, Babinet et Bravais.

Quoique, d'autre part, les météorologistes aient admis depuis longtemps que les cirrhus sont constitués par des aiguilles d'eau solidifiée, il reste bien des incertitudes à l'égard de ces nuages et des autres amas de cristaux de glace aériens.

Leur formation au sein de l'atmosphère n'exerce

pas seulement son influence sur l'apparition de phénomènes lumineux, elle se traduit par des mouvements calorifiques considérables ; elle doit jouer un rôle d'une haute importance dans le mécanisme aérien : leur étude offre donc un intérêt de premier ordre. Les aéronautes seuls jusqu'ici ont pu l'entreprendre directement et apporter à la Météorologie, non pas le fruit de conceptions ou de théories plus ou moins ingénieuses, mais le résultat de faits incontestables et précis.

Avant de décrire les observations qui nous sont personnelles, nous croyons utile de rappeler succinctement les faits antérieurement signalés par nos prédécesseurs dans les études aériennes aéronautiques.

Le 27 juillet 1850, MM. Barral et Bixio, lors de leur ascension aérostatique devenue célèbre, traversèrent un nuage de glace à l'altitude de 6000^m.

« Nous sommes couverts, disent les voyageurs, de petits flocons en aiguilles extrêmement fines, qui s'accumulent dans les plis de nos vêtements. Dans la période descendante de l'oscillation barométrique, par conséquent pendant le mouvement ascendant du ballon, le carnet ouvert devant nous les ramasse de telle façon, qu'ils semblent tomber sur lui avec une sorte de crépitation. »

Le 17 août 1852, c'est-à-dire au milieu de l'été, comme dans l'ascension précédente, Welsh et Nicklin, partis de Londres en ballon à 3^{h}49^m du soir, rencontrèrent, à 3ooo^m d'altitude, une neige formée de cristaux étoilés qui tomba de temps à autre sur le ballon.

Le dimanche 8 novembre 1868, mon frère et moi nous avons exécuté, à l'usine à gaz de la Villette, une ascension aérostatique au moment où une neige abondante tombait à gros flocons; grâce à une abondante provision de lest, nous avons pu nous élever lentement jusqu'à l'altitude de 18oo^m au milieu de flocons de neige qui voltigeaient autour de la nacelle. A mesure que nous nous élevions dans l'atmosphère, les flocons diminuaient de volume; on les voyait s'accroître en tombant et grossir très sensiblement. A 2ıoo^m, maximum de hauteur que nous ayons pu atteindre, nous nous trouvions pour ainsi dire au lieu même de la production de la neige. L'air était translucide, et, tout autour de nous, nous apercevions de très petites paillettes de glace, d'un aspect brillant, irisées comme le mica, qui paraissaient se souder ensemble en tombant pour donner naissance, à un niveau inférieur, à des flocons volumineux. La température était de — 1°.

Le 16 février 1873, nous avons traversé, avec le ballon *le Jean-Bart*, un nuage d'une constitution toute particulière et qui rentre bien dans la classe de ceux que nous étudions actuellement. Il avait environ 39o^m d'épaisseur et il était suspendu à 12oo^m seulement au-dessus de la surface terrestre. Au-dessus de ce nuage, régnait un courant aérien qui se mouvait dans une direction sensiblement différente de celle de la couche d'air inférieure. Ce courant aérien était très chaud : la température y était de $17°,5$. A 3^h52^m, nous pénétrons de haut en bas dans le massif de nuages. Des vapeurs blanches opalines cachent la vue de l'aérostat suspendu sur nos têtes, le thermomètre marque — $2°$ et un givre abondant se dépose sur nos cordages ; un fil de cuivre, long de 200^m, pendu à la nacelle, donne de vives étincelles, comme nous l'avons constaté ainsi que nos compagnons de voyage, et, presque instantanément, il se couvre d'une couche épaisse de paillettes de glace d'un aspect adamantin. Sans nous occuper ici du fait électrique, que nous examinerons plus loin, nous ajouterons que ces petits cristaux, sans tomber des vapeurs qui nous environnent, paraissaient prendre spontanément naissance sur les parois de la nacelle, sur nos vêtements et jusque dans notre barbe.

D'autres observations fort intéressantes sont dues à mes regrettés amis Crocé-Spinelli et Sivel, ainsi qu'à MM. Pénaud, Pétard et Jobert. Partis de l'usine à gaz de la Villette à 10^h50^m du matin, le 26 avril 1873, dans le ballon *l'Étoile polaire*, les voyageurs ont traversé, entre 1200^m et 2400^m, une série de nuages composés de petits cristaux prismatiques aiguillés d'environ $0^m,004$ de longueur sur $0^m,00025$ d'épaisseur, généralement verticaux et donnant une image à bords frangés du Soleil.

L'entrée dans ce nuage s'effectua à 1300ᵐ d'altitude; la température s'abaissa à — 7°. Au delà, à 3400ᵐ, une zone d'air se rencontra, dont la température était de — 20°, et l'air humide sortant des poumons produisait de petits cristaux microscopiques qui s'attachaient à la barbe et aux cheveux. La température à terre était de 4°,7 ; au-dessus de 1500ᵐ, elle était de — 4°, et allait en s'abaissant régulièrement jusqu'à 4500ᵐ, où elle atteignait — 7°.

Lors de leur remarquable ascension à grande hauteur, le 22 mars 1874, Crocé-Spinelli et Sivel ont décrit très complètement d'autres faits de même nature.

« Il faut signaler, disent les deux voyageurs, la présence de très légers amas de cristaux de glace très espacés, rencontrés pour une première fois, en montant, vers 5000ᵐ, et une seconde fois, en descendant, à la même altitude.

» Nous aperçûmes en effet, chaque fois, pendant trois ou quatre minutes, et au-dessous du ballon, des cristaux aiguillés, distants les uns des autres de 0ᵐ,20 à 0ᵐ,40, qui étincelaient vivement au soleil, à tel point que, malgré leur petitesse, ils semblaient très visibles à 100ᵐ. Nous n'en vîmes ni au-dessus ni autour de nous. Il est certain que nous devions les traverser à la descente. Ajoutons que ces légers amas ne semblaient pas diminuer la netteté des lignes du sol. »

Crocé-Spinelli attachait une très grande importance à l'étude des nuages de glace ; aussi a-t-il toujours pris soin de décrire avec beaucoup d'exactitude ceux qui se sont offerts à son observation. Lors de la même ascension, il cite encore au-dessus de l'aérostat « de légers cirrhus formant une nappe assez continue, à reflets plus ou moins nacrés ou soyeux, et dont l'élévation semblait être de 9000^m à 10000^m. Ces nuages, à travers lesquels la lumière se tamisait comme à travers un globe dépoli, ne cachèrent que presque complètement et pour très peu de temps le disque du Soleil. »

Lors de l'ascension fatale du *Zénith* (15 avril 1875), j'ai pu apercevoir tout autour de la nacelle comme un vaste cirque de cirrhus à l'altitude de 4500^m. Ils allaient en augmentant d'épaisseur jusqu'à l'altitude de 8000^m (diagramme de l'ascension à grande hauteur, *fig.* 4) ; ils prenaient alors l'aspect de masses compactes d'un blanc d'argent tout à fait éblouissant. Cependant, à ce moment, le ciel était limpide et transparent pour les observateurs à la surface du sol, comme me. l'ont prouvé plusieurs lettres reçues de quelques habitants du département du Loiret, au-dessus duquel l'aérostat planait au moment où il atteignait son maximum de hauteur, 8600^m. Ces nuées, sans doute formées d'aiguilles de glace très espacées les unes des autres, étaient transparentes, vues de bas en haut sous une épaisseur relativement faible, et n'apparaissaient que pour l'aéronaute, qui, situé à

leur niveau, les considérait horizontalement sous
une épaisseur considérable.

De ces observations, encore peu nombreuses, vu
le petit nombre d'ascensions exécutées à grande

Fig. 4.

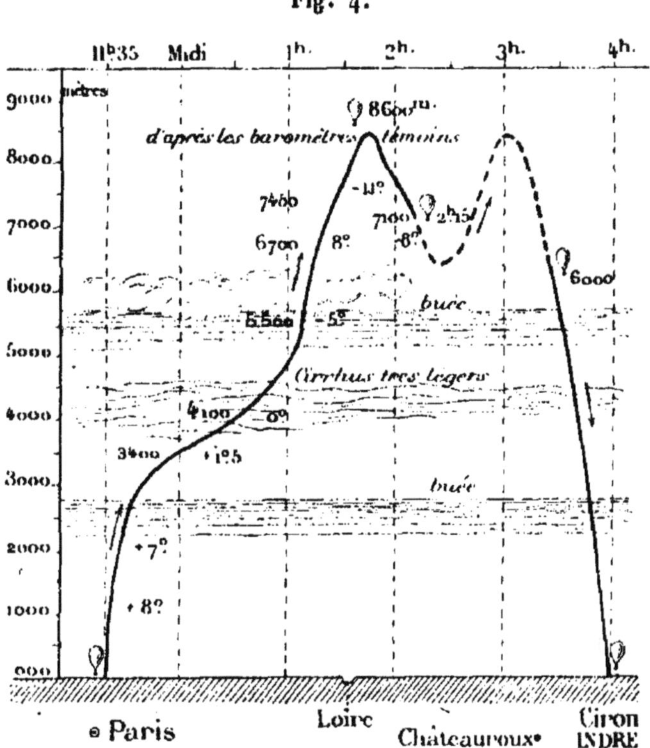

hauteur, il me semble que l'on peut déduire les résultats suivants.

La présence des cristaux de glace est très fré-
quente dans l'atmosphère.

Ces cristaux peuvent exister dans les hautes régions de l'air sans que la limpidité du ciel soit

troublée pour les observateurs terrestres; en d'autres termes, de véritables bancs d'aiguilles de glace peuvent être suspendus dans l'atmosphère sans être visibles à la surface du sol. L'aéronaute, comme je viens de le dire, les aperçoit de près, et surtout quand il les considère horizontalement sous une grande épaisseur. J'ajouterai que, dans les régions polaires, les voyageurs ont souvent vu tomber des cristaux glacés sous un ciel limpide et bleu ([1]).

La formation des aiguilles de glace dans les hautes régions de l'atmosphère ne peut se produire que sous l'influence de mouvements calorifiques considérables, qui ne sont pas sans agir sur les couches inférieures de l'air. On peut même admettre que ces nuages glacés ne sont pas étrangers aux manifestations électriques de notre atmosphère. Gay-Lussac, dans son ascension mémorable, a rapporté des expériences qui semblent démontrer que la tension électrique s'accroît continuellement à mesure que l'on s'élève. Or, pour se solidifier dans les hautes régions, la vapeur d'eau doit perdre une

---

([1]) La transformation subite de la vapeur d'eau en aiguilles est, en effet, un phénomène qui s'observe à la surface du sol dans les régions boréales. L'explorateur autrichien M. Payer rapporte que, dans son dernier voyage, par un froid de 35°, son haleine se condensait subitement en petits cristaux; ces aiguilles cristallines se formaient avec un bruissement particulier et brillaient vivement au soleil. Elles nous paraissent offrir des analogies frappantes avec les aiguilles de glace des hautes régions.

quantité de chaleur considérable; il est vraisemblable que cette déperdition de calorique se traduit par une abondante production d'électricité. Nous allons voir plus loin qu'un fil de cuivre fort long, plongé de haut en bas dans un nuage glacé, a donné de fortes étincelles électriques.

Les cristaux de glace des hautes régions peuvent être en outre considérés, dans certains cas, comme une des causes de formation de la neige ou de la grêle. A la limite supérieure des couches d'air traversées par la neige, nous avons vu précédemment des paillettes extrêmement ténues s'agglomérer et former les flocons, toujours grossissant dans leur chute. Ces paillettes étaient, en tous points, comparables à celles des nuages glacés.

Si la petite aiguille de glace des hautes régions vient à descendre, à tomber dans un nuage de vapeur, à — 2°, semblable à celui que nous avons traversé et où des cristaux se formaient sur nos vêtements, sur la nacelle, ne pourra-t-elle pas y déterminer, comme le faisait l'aérostat, un ébranlement moléculaire et devenir le centre d'une congélation plus importante pour arriver à former le grêlon avec le concours de manifestations électriques particulières? Les faits bien constatés sont encore trop rares pour qu'il soit possible de présenter ces hypothèses autrement que sous une forme dubitative; mais, tels qu'ils sont, ils permettent d'affirmer que les nuages à glace jouent un rôle important dans la plupart des phénomènes aériens, et qu'à ce titre ils sont dignes de fixer spécialement l'attention du météorologiste.

J'ajouterai que les amas d'aiguilles de glace espacées les unes des autres, et souvent invisibles à la surface du sol, diffèrent complètement des cirrhus très apparents, qui affectent, comme on le sait, l'apparence de panaches ou de plumules. La brume opaline que nous avons observée le 16 février 1873, et où la vapeur d'eau, maintenue à une température inférieure à zéro, se solidifiait subitement sous l'action d'un ébranlement moléculaire, ne ressemble non plus en rien aux cumulus, aux nimbus et aux stratus. Il y aurait, à ce qu'il nous semble, à tenir compte de ces faits dans la classification des nuages.

Formation de la neige.

Il m'a été donné de faire, dans le cours de deux ascensions aérostatiques, quelques observations intéressantes sur la formation de la neige. Le 8 novembre 1868, nous nous sommes élevés, mon frère, M. Mangin et moi, de l'usine de la Villette, à 11^h du matin, au moment où des flocons de neige tombaient très abondamment. A 2000^m d'altitude, nous apercevions autour de nous de très petits cristaux qui s'aggloméraient en tombant et qui paraissaient se souder entre eux à des niveaux inférieurs pour donner naissance à des flocons volumineux. La faible quantité de lest dont nous disposions ne nous a pas permis de dépasser sensiblement cette altitude de 2000^m. A cette hauteur, les nuages de neige dans lesquels nous étions plongés semblaient avoir encore une épaisseur assez considérable, car on n'entrevoyait que faiblement la lumière du Soleil.

Le 29 novembre 1875, il nous a été donné de rapporter des observations beaucoup plus complètes. A 11^{h}40^m, nous nous sommes élevés dans le ballon *l'Atmosphère,* avec mon frère, MM. Poitevin et L. Redier. La chute de légers cristaux de neige qui signala notre départ ne tarda pas à cesser. La température, jusqu'à 700^m, était de — 2°. A cette altitude, le massif de nuages blanchâtres, opalins, s'étendait au-dessus de la surface terrestre sur une épaisseur de 800^m. En y pénétrant, nous vîmes la température s'abaisser et descendre à — 3°, puis à — 4°.

A 1500^m, après avoir dépassé la surface supérieure de ce nuage, nous avons plané au milieu d'un véritable banc de cristaux de glace suspendu dans l'atmosphère sur une épaisseur de 150^m. La température du milieu ambiant était de zéro. Les cristaux qui voltigeaient autour de nous étaient transparents, très nettement formés d'étoiles hexagonales variées, de 0^m,004 de diamètre et du plus remarquable aspect. L'élévation de température était due sans doute à la formation même de ces cristaux. Quant au fait de la suspension des paillettes de glace au sein de l'air, il peut s'expliquer par les mouvements de tourbillonnement dont elles étaient animées sous l'influence des rayons solaires réfléchis par la surface supérieure des nuages. Ces nuages étaient, en effet, d'un blanc éblouissant et offraient, à s'y méprendre, l'aspect de montagnes de neige. A 1650^m, l'air était assez pur, et la température, jusqu'à 1770^m, s'éleva encore pour atteindre 1° (*fig.* 5). Des cumulus s'étendaient à un niveau plus élevé, et le ciel bleu s'entrevoyait à travers les intervalles qui les séparaient par moments. Quand le Soleil était voilé, les cristaux de glace, bien moins éclairés, il est vrai, ne semblaient plus cependant être soumis aux mêmes mouvements tourbillonnants. Il est probable qu'ils tombaient alors au sein du nuage inférieur et arrivaient jusqu'à la surface du sol, où, comme nous l'avons constaté à la descente, ils étaient beaucoup plus gros, mais moins réguliers, et comme recouverts d'un givre opaque qui leur donnait l'aspect d'un sel effleuri. Ces phénomènes successifs donneraient l'explication des chutes de neige intermittentes du 29 novembre 1875.

Pendant cette ascension, les couches atmosphériques supérieures et inférieures se mouvaient dans la direction du sud-ouest avec une vitesse de 41^{km} à l'heure. Les deux massifs de nuages superposés avaient la même direction et sensiblement la même vitesse. (*Voir* le tracé du voyage, *fig.* 5).

3.

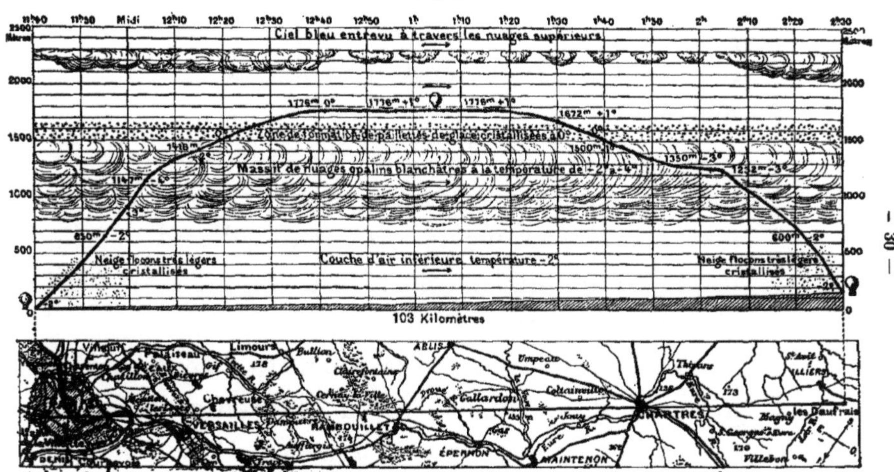

Diagramme de l'ascension aérostatique du 29 novembre 1875.

Composition de l'air. — Décroissance de la quantité d'acide carbonique avec l'altitude.

Le savant directeur de l'observatoire météorologique de Greenwich, notre maître et ami M. J. Glaisher, a apporté à la Science un nombre considérable de faits, relativement à la décroissance de l'humidité avec l'altitude. Les résultats hygrométriques obtenus dans le cours de mes ascensions confirment ces résultats, ainsi que ceux qui ont été obtenus en France par notre collègue M. C. Flammarion.

Je me suis attaché, lors des ascensions du *Zénith* exécutées avec Crocé-Spinelli, Sivel et mon frère, à déterminer la proportion d'acide carbonique contenue dans un même volume d'air à différentes altitudes.

La détermination de la quantité d'acide carbonique contenue dans l'air à différentes altitudes a été déjà entreprise en 1873, par M. P. Truchot[1], au sommet du Puy-de-Dôme et du pic de Sancy. Ce savant chimiste a fait passer de l'air dans de l'eau de baryte préalablement titrée, a laissé déposer le carbonate formé, puis a titré de nouveau la liqueur limpide surnageante en en prélevant une certaine quantité à l'aide d'une pipette.

---

[1] *Comptes rendus de l'Académie des Sciences*, t. LXX, p. 675.

Les résultats obtenus par M. Truchot ont indiqué une diminution rapide d'acide carbonique avec l'altitude ; mais il nous a semblé qu'il y avait un intérêt réel à analyser l'air loin de la terre, dans la nacelle de l'aérostat, là où l'on a abandonné complètement le sol ; celui-ci doit, en effet, exercer une grande influence sur l'atmosphère qui en baigne la surface. Il est probable que le massif d'une montagne influe sur l'air qui l'enveloppe ; il est possible que cet air diffère sensiblement de celui qui se trouve à la même altitude au-dessus des plaines et loin de tout contact terrestre.

Ces motifs ont déterminé la Société française de navigation aérienne à me confier le soin de doser l'acide carbonique de l'air à différentes altitudes dans la nacelle du ballon *le Zénith*.

L'appareil habituellement employé pour ces dosages, qui consistent, comme nous l'avons vu précédemment, à déterminer l'augmentation de poids de tubes à potasse caustique, où a été retenu l'acide carbonique d'un certain volume d'air, ne pouvait être avantageusement employé en ballon. Nous avons eu recours à une disposition nouvelle dont M. Hervé Mangon nous a suggéré l'idée, d'après le principe de la méthode que M. Regnault a employée pour les dosages de l'acide carbonique dégagé dans la respiration des animaux.

Notre appareil, représenté (*fig.* 6) tel qu'il a été disposé à bord du *Zénith*, consiste en deux tubes de verre, fermés à la lampe à leur partie inférieure, et munis d'un bouchon à leur partie supé-

Fig. 6.

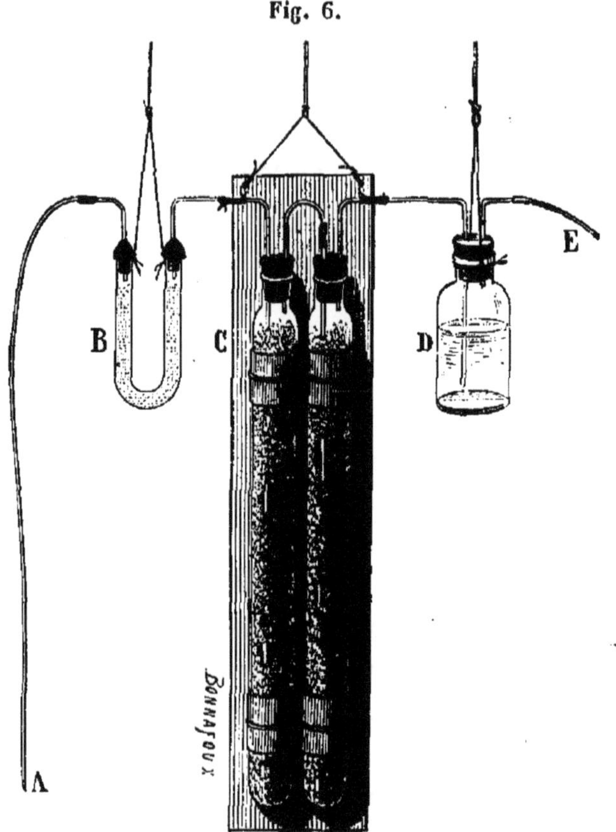

Appareil de MM. Hervé Mangon et Gaston Tissandier, pour doser
l'acide carbonique de l'air, tel qu'il était disposé à bord du
ballon *le Zénith*.

A, entrée de l'air extérieur. — B, tube à coton destiné à arrêter
les poussières. — C, tubes remplis de pierre ponce imbibée
de potasse exempte de carbonate. — D, flacon renfermant de
l'eau de baryte. — E, tube communiquant avec un aspirateur
à retournement.

rieure. Leur hauteur est de $0^m,38$, leur diamètre

de o^m, o3 ; tous deux sont fixés à une planchette de bois C, qui permet de les manier commodément. Ces tubes sont remplis de pierre ponce lavée et calcinée, imbibée d'une solution concentrée de potasse caustique, préalablement précipitée par le chlorure de baryum, et parfaitement exempte d'acide carbonique. L'air extérieur appelé à l'aide d'un aspirateur à retournement, mis en communication avec le tube E, était prélevé à 6^m au-dessous de la nacelle, à l'extrémité d'un mince tuyau formé par des tubes à gaz reliés à l'aide de caoutchouc au tube A. L'air extérieur traversait d'abord un tube en U, représenté sur notre figure en B, et rempli de coton destiné à arrêter les parcelles de sable servant de lest, qui eussent pu introduire de l'acide carbonique étranger à l'air, par l'apport de petits fragments de carbonate de chaux. Il arrivait à la partie inférieure du premier tube à potasse, qu'il traversait de bas en haut, et s'engageait de la même manière dans le second tube. En circulant dans ces deux tubes, l'air était absolument dépouillé de l'acide carbonique qu'il contenait. A la sortie, il passait dans un flacon laveur D, rempli d'eau de baryte, qui est resté limpide pendant toute la durée des expériences.

L'aspirateur, que nous n'avons pas représenté sur notre figure, contenait 22^{lit} d'eau, additionnée du tiers de son volume d'alcool, qui avait pour but d'empêcher la congélation du liquide par le froid. Sans cette précaution nous n'eussions pas réussi à exécuter nos expériences, car l'eau destinée à humecter la surface de la boule de notre thermomètre mouillé n'a pas tardé à se congeler sous l'influence d'une température de — 4°.

Notre première expérience a été commencée le 23 mars à 8ʰ45ᵐ du soir, à l'altitude de 890ᵐ audessus du niveau de la mer. Elle a duré jusqu'à 10ʰ7ᵐ. Dans cet espace de temps, nous avons fait passer dans nos premiers tubes 110ˡⁱᵗ d'air, en retournant cinq fois l'aspirateur. L'aérostat est resté sensiblement sur l'horizontale ; sa hauteur n'a varié que de 100ᵐ environ.

Notre deuxième expérience a été faite le 24 mars, de 3ʰ35ᵐ à 4ʰ30ᵐ du matin. Pendant tout ce temps l'aérostat a plané à l'altitude de 1000ᵐ. La pression barométrique est restée presque absolument constante. Par suite de quelques dispositions à donner à notre appareil, nous n'avons fait passer dans nos seconds tubes que 66ˡⁱᵗ d'air.

Les tubes à potasse, après ces expériences, qui se sont exécutées dans les conditions les plus favorables, ont été rapportés à terre parfaitement intacts, grâce à un emballage minutieux. Les deux tubes fixés à la planchette de bois C étaient enfermés dans une petite caisse de bois, garnie de ouate. Une fois le couvercle fermé, ils se trouvaient entourés de coton de toutes parts, et ils ont pu supporter sans inconvénients les secousses de la descente.

M. Hervé Mangon et moi, nous avons déterminé

la proportion d'acide carbonique absorbée dans chaque expérience, en séparant le gaz de la façon suivante.

Chaque tube à pierre ponce potassique a été muni successivement, à sa partie supérieure, d'un entonnoir A (*fig.* 7), où l'on a introduit de l'acide sulfurique étendu d'eau. Ce liquide décomposait le carbonate de potasse formé ; l'acide carbonique isolé était chassé à travers un tube à dégagement dans une longue éprouvette de verre graduée D, remplie de mercure et retournée sur une cuve à mercure C.

Le tube à potasse B, retenu par une pince, incliné environ à 45°, comme le représente la *fig.* 7, était à moitié entouré d'une feuille métallique, qui permettait de le chauffer à l'aide d'un bec Bunsen. On arrivait ainsi à faire bouillir le liquide, et à chasser les dernières traces de gaz dans l'éprouvette graduée. Après avoir recueilli dans l'éprouvette D les gaz (air et acide carbonique) contenus dans les deux tubes à potasse, ayant servi à la première expérience, on a déterminé le volume de l'acide carbonique en l'absorbant par une solution concentrée de potasse caustique. Les corrections de pression, de température, ont été calculées très exactement ; les lectures des divisions de l'éprouvette graduée, comme celles du baromètre et du thermomètre placés dans son voisinage, ont été faites à l'aide du cathétomètre. L'expérience a été recommencée de la même façon pour les tubes à potasse de la deuxième expérience.

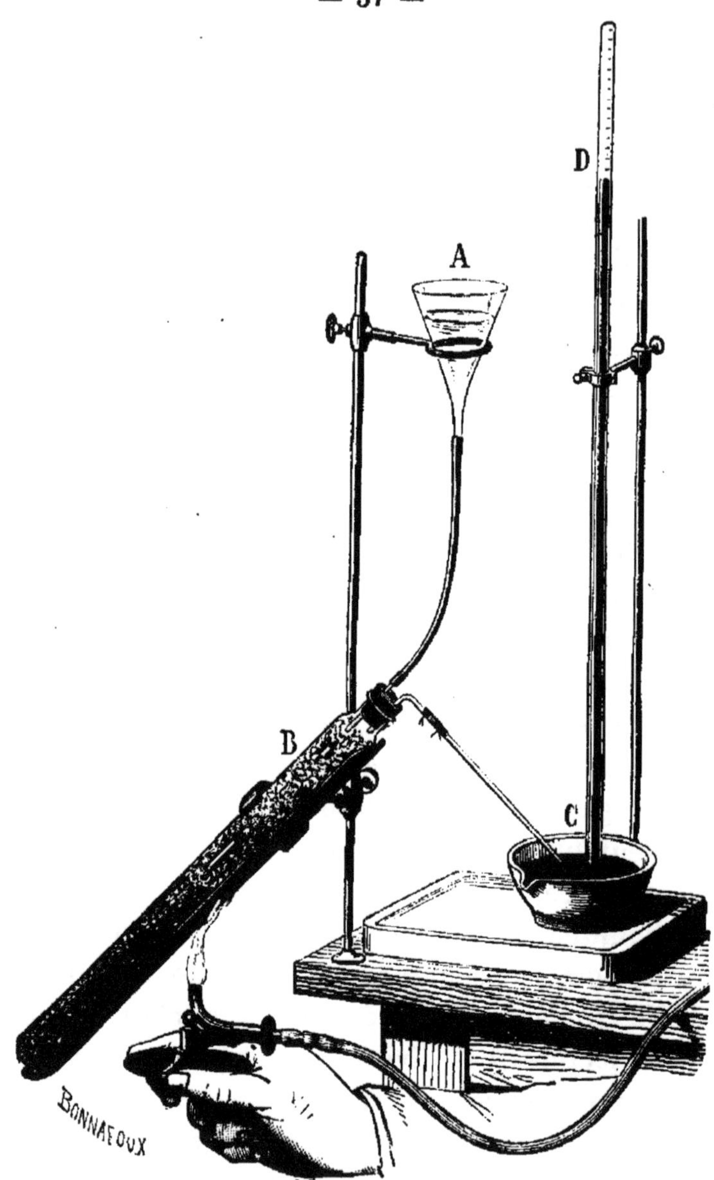

Fig. 7. — **Extraction de l'acide carbonique, recueilli dans les tubes de MM. Hervé Mangon et Gaston Tissandier.**

A, entonnoir au moyen duquel on introduit de l'eau additionnée d'acide sulfurique dans le tube B. — C, cuve à mercure, où s'engage le tube de dégagement. — D, tube gradué destiné à recueillir l'acide carbonique à l'état gazeux.

Voici les résultats de nos dosages :

Altitude.	Volume d'acide carbonique contenu dans 1000 d'air a 0° et à 760 millim.
800ᵐ-890ᵐ	2,40
1,000ᵐ	3,00

La différence entre ces deux chiffres est dans les
limites de variation des expériences exécutées à
terre. Ces résultats semblent indiquer que la proportion d'acide carbonique contenue dans l'air dé-
croît avec l'altitude. Mais nous devons faire obser-
ver que, pour obtenir des conclusions certaines, il
est indispensable de faire des dosages à des hauteurs plus considérables dans des ascensions exécutées dans les hautes régions de l'atmosphère.
Nous espérons pouvoir compléter nos premières
déterminations et fournir des faits positifs, sur
les variations de la quantité d'acide carbonique
contenue dans l'air à différentes altitudes.

Nous ajouterons enfin que la méthode d'analyse
employée par nous à bord du *Zénith* a été précédemment étudiée à la surface du sol, et que nous
avons déterminé par de nombreuses opérations
préparatoires les conditions du fonctionnement de
l'appareil.

**Phénomènes d'optique. — Auréoles de lumière, halos,
croix lumineuses. — Déformation du Soleil, de la
Lune par la réfraction. — Mirage.**

Quand l'ombre de l'aérostat se projette sur la
terre ou sur les nuages, elle est très fréquemment

entourée d'une auréole de diffraction. Voici les phénomènes de ce genre que nous avons observés dans le cours de nos ascensions.

Voyage du 4 octobre 1873, ascension de 1500^m *à 2000*^{m}. — Nous n'avons pas cessé de voir l'ombre du ballon sur la terre ; à 1^h 35^m, à l'altitude de 700^m, cette ombre, projetée sur une prairie, est entourée d'une auréole très lumineuse et de couleur jaune : M. Albert Tissandier a pu en faire un dessin qui représente très nettement le phénomène.

Pendant le voyage que j'ai exécuté le 8 juin 1872, avec M. le vice-amiral baron Roussin, un autre phénomène d'optique, analogue au spectre d'Ulloa, s'est offert à nos yeux.

A 5^h 35^m du soir, l'aérostat avait dépassé les beaux cumulus blancs qui s'étendaient horizontalement dans l'atmosphère à 1900^m d'altitude. Le Soleil était ardent, et la dilatation du gaz déterminait notre ascension vers des régions plus élevées que je ne pouvais atteindre sans danger, n'ayant pour la descente qu'une faible provision de lest. Je donne quelques coups de soupape pour revenir à des niveaux inférieurs. A ce moment, nous planons au-dessus d'un vaste nuage ; le Soleil y projette l'ombre assez confuse de l'aérostat, qui nous apparaît entourée d'une auréole aux sept couleurs du spectre. A peine avons-nous le temps de considérer ce premier phénomène, que nous descendons de 50^m environ. Nous passons alors tout à côté du cumulus qui s'étend près de notre nacelle et forme un écran d'une blancheur éclatante, dont la hauteur n'a certainement pas moins de 70^m à 80^m.

L'ombre du ballon s'y découpe cette fois en une grande tache noire et s'y projette à peu près en vraie grandeur. Les moindres détails de la nacelle, l'ancre, les cordes, sont dessinés avec la netteté des ombres chinoises. Nos silhouettes ressortent avec régularité sur le fond argenté du nuage : nous levons les bras et nos sosies lèvent les bras. L'ombre de l'aérostat est entourée d'une auréole elliptique assez pâle, mais où les sept couleurs du spectre apparaissent visiblement en zones concentriques. La température était de 14° C. environ, l'altitude de 1900^m ; le ciel était très pur et le soleil très vif. Le nuage sur la paroi verticale duquel l'apparition s'est produite avait un volume considérable et ressemblait à un immense bloc de neige en pleine lumière. Nons étions nous-mêmes plongés dans une nébulosité, car nous n'entrevoyions la terre que sous un brouillard indécis.

Lors de notre ascension du 16 février 1873, le phénomène de l'auréole aérostatique s'est encore présenté à nous dans des conditions très favorables à l'observation.

Dix minutes environ après notre départ, qui eut lieu à 11^h 20^m, nous avions déjà traversé les nuages ; le ballon plane bientôt au-dessus d'un véritable océan de vapeurs que les rayons solaires éclairent avec une intensité de lumière vraiment extraordinaire. Le ciel au-dessus de nos têtes est d'un bleu foncé. Il s'étend en un dôme d'azur sur un véritable plateau de cumulus arrondis prenant l'aspect d'une mer de glace en pleine lumière.

Pendant trois heures consécutives, nous avons plané à 400^m environ au-dessus de cette couche de nuages, où l'ombre du ballon s'est constamment projetée, entourée d'auréoles d'un effet admirable. Nous avons observé trois aspects différents de ces effets d'optique. A l'altitude de 1350^m, l'ombre du ballon n'avait pas d'auréole extérieure ; celle-ci était seulement visible autour de la nacelle (*voyez* le frontispice). A 1700^m, l'ombre, plus petite, était encadrée d'un arc-en-ciel circulaire, formant comme un cadre irisé d'une forme elliptique. Enfin, au même niveau, nous avons vu plus tard trois auréoles concentriques parfaitement nettes se dessiner sur l'océan de nuages autour de notre ombre. Dans tous les cas, le violet était intérieur et le rouge extérieur ; mais le bleu et l'orangé étaient beaucoup plus apparents que les autres couleurs du spectre.

La température était très élevée (le thermomètre a accusé jusqu'à 17°,5 au-dessus de zéro) ; les rayons solaires étaient d'une ardeur extraordinaire et par moment nous brûlaient le visage. Nous avons maintenu l'aérostat pendant trois heures au-dessus des nuages ; son altitude a varié de 1400^m à 2000^m, hauteur maximum que nous avons atteinte.

Le phénomène des auréoles, qui se présente si fréquemment autour de l'ombre du ballon dans le cours des ascensions aérostatiques, trouve son explication dans les faits décrits par les physiciens sur les franges irisées.

Un autre genre de phénomènes d'optique, dû à la réfraction de la lumière à travers les cristaux de

Fig. 8.

glace suspendus dans les hautes régions de l'atmosphère, a encore été observé par nous lors de l'ascension de longue durée exécutée dans la nacelle du ballon *le Zénith :* nous voulons parler de halos et de croix de lumière autour de la Lune.

Partis de l'usine à gaz de la Villette le 23 mars

1875, à 6ʰ 20ᵐ du soir, nous opérâmes notre descente le lendemain 24 mars, à 5ʰ du soir, à Montplaisir, non loin du bassin d'Arcachon, après un séjour dans l'atmosphère de vingt-deux heures quarante minutes.

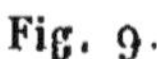

Fig. 9.

Pendant la nuit, la température se maintint au-dessous de zéro, entre — 1° et — 4°,5, l'aérostat oscillant entre 700ᵐ et 1100ᵐ. A terre, il gelait également et la température y était généralement inférieure. Une buée couvrait le sol sur une épaisseur de 500ᵐ à 600ᵐ, et son opacité variait, sans toutefois nous cacher la vue du sol. Au-dessus de l'aérostat s'étendaient des cirrhus ; très faibles et très bas sur l'horizon au départ, ils s'élevèrent pour donner naissance, peu de temps après le lever du Soleil, à un magnifique halo et à une croix lumineuse. La Lune s'entoura d'abord d'un petit cercle, puis la croix prit naissance à $4^h 3o^m$ du matin (*fig.* 8). Une demi-heure après, une ellipse reliant les branches de cette croix vint compléter le phénomène. Le halo était dans tout son éclat au lever du Soleil, qui se présenta à l'état fragmenté. L'ellipse disparut, et les branches de la croix, plus persistantes, s'observèrent encore à $5^h 35^m$ (*fig.* 9), jusqu'au moment où elles s'évanouirent en diminuant peu à peu de longueur. Cette succession d'aspects dura environ une heure. Les cirrhus, très abondants jusqu'à 10^h du matin, s'abaissèrent à l'horizon en donnant l'aspect d'une chaîne de montagnes aux pics neigeux. A midi, ils avaient disparu, pour se montrer de nouveau à 4^h. La présence de ces cirrhus permet de supposer l'existence dans les régions élevées d'un courant aérien humide venant de la mer : nos observations postérieures ont confirmé cette conjecture.

Parmi les phénomènes d'optique que l'on observe fréquemment en ballon, nous mentionnerons encore les déformations du Soleil et de la Lune au moment du lever et du coucher de ces astres au-dessus de nappes de vapeurs. Pendant l'ascension de longue durée du *Zénith,* nous avons constamment plané pendant la nuit au-dessus d'un véritable plateau de brume qui prenait l'aspect d'un vaste océan. Le 24 mars, à $5^h 10^m$ du matin, le Soleil, se levant au-dessus de cette masse de brume, semblait étiré vers un de ses côtés. A 8^h du soir, le 23, la Lune, se levant, était encore sensiblement déformée par la réfraction des rayons lumineux. Lors de notre ascension dans le *Pôle-Nord*, des effets semblables furent observés au coucher du Soleil.

Nous terminerons ce qui est relatif aux phénomènes d'optique particuliers que nous avons observés en décrivant succinctement le singulier effet de mirage qui s'est offert à nos yeux lors de notre ascension au-dessus de la mer, près de Calais, le 16 août 1868. Du côté de l'Angleterre, le rivage était caché par un immense massif de nuages d'un gris sombre. Leur partie supérieure formait un véritable miroir où se réfléchissait l'image de l'Océan. L'image renversée d'un bateau à vapeur qui passait en mer fut aperçue dans cette nappe de brume. Le phénomène ne put être observé que pendant quelques minutes, le ciel s'étant bientôt obscurci autour de nous.

Température des hautes régions.

Nous n'insisterons pas sur cette question, au sujet de laquelle il a été publié précédemment un nombre considérable de documents. Les ascensions en montagne ou en ballon ont montré que les températures décroissent assez régulièrement avec l'altitude. Cependant, si le fait est général en considérant une masse d'air d'une très grande épaisseur, il arrive fréquemment que des couches d'air relativement chaudes se trouvent interposées dans l'atmosphère, surtout quand l'air est chargé de nuages ou de brumes. En jetant les yeux sur le Tableau que nous donnons ci-dessous, on verra que, dans un assez grand nombre de cas, les températures sont plus élevées à certains points de l'atmosphère qu'à des niveaux inférieurs. Nous avons la persuasion que, si l'on s'élevait au-dessus de ces zones particulières, la loi des décroissances des températures reprendrait ses droits ; mais il n'en est pas moins très important de tenir compte des faits de la nature de ceux que nous signalons ici. Les chiffres suivants, que j'ai recueillis lors de l'ascension à grande hauteur du *Zénith*, sont intéressants à examiner sous ce rapport :

Heures.	Altitudes.	Température.
11ʰ 35ᵐ	à terre.....	+ 14°
	792ᵐ......	+ 8
11ʰ 40ᵐ	1267ᵐ..........	+ 8
	3200ᵐ...........	+ 1
12ʰ 15ᵐ	3698ᵐ...........	+ 2
	4387ᵐ...........	0
12ʰ 51ᵐ	4700ᵐ...........	0
	5210ᵐ...........	— 5

Heures.	Altitudes.		Température.
$1^h 25^m$	{ 5600^m......		— 5
	6700^m.................................		— 8
$1^h 20^m$	{ 7000^m..............................		—10
	7400^m...		—11
	8000^m...		X

Électricité atmosphérique.

Les faits électriques que nous avons pu recueillir pendant notre ascension de longue durée sont intéressants. Ils étaient obtenus en approchant un électroscope à feuilles d'or d'un fil de cuivre isolé, long de 200^m et pendant de la nacelle. En voici le Tableau :

HEURES.	ALTITUDES.	TEMPÉRATURE à bord des ballons.	DÉVIATION des feuilles d'or.
De 10^h soir à 5^h40^m matin	Entre 650^m et 1100^m	De $0°$ à $4°,5$	Nulle.
5^h50^m matin...................	650^m	$— 0°,3$	$0^m,015$
6^h10^m »	600^m	$+ 0°,5$	$0^m,040$
6^h15^m »	600^m	»	$0^m,070$
7^h »	1700^m	$+ 1°$	$0^m,010$
10^h »	700^m	$+ 9°$	$0^m,060$
De 11^h à 5^h soir............ ...	De 30^m à 1200^m	De $+ 8°$ à $+ 10°$	Nulle.

Les feuilles d'or de l'électroscope ne dévièrent pas pendant la nuit, mais elles s'écartèrent de $0^m,006$ à $0^m,007$ au lever du Soleil. Puis l'électricité devint moins accusée jusqu'au passage que nous fîmes de la Gironde à son embouchure, à 700^m d'altitude environ. A ce moment, 10^h15^m, une déviation subite de $0^m,006$ des feuilles d'or se manifesta avec une augmentation appréciable de température. Dans la suite du voyage, les déviations électriques devinrent très faibles et même nulles.

A 1^h20^m, à 1400^m d'altitude, lors de notre ascension du 16 février 1873, nous avons dévidé un long fil de cuivre de 200^m de long que nous avons laissé pendre de l'aérostat; sa partie inférieure était terminée en pointe; sa partie supérieure, attachée à la nacelle et isolée dans un tube de caoutchouc, était terminée par une boule de cuivre. En approchant un électroscope de cette boule, les feuilles d'or se sont brusquement séparées l'une de l'autre; nous avons constaté, à l'aide d'un bâton de cire, que l'électricité ainsi manifestée était négative.

A 2^h15^m, l'aérostat, descendu à des niveaux inférieurs, ne tarde pas à sillonner la surface des nuages au-dessus desquels il avait longtemps plané. Le fil de cuivre plonge dans leur sein. Nous sommes à l'altitude de 1350^m; j'approche mon doigt de la boule métallique : une étincelle jaillit, faisant entendre un bruissement énergique. L'intensité électrique était assez considérable pour faire éprouver à ceux des voyageurs qui nous accompagnaient, mon frère et moi, une violente commotion dans l'avant-bras quand ils approchaient la main pour recevoir la décharge. Ce phénomène s'est manifesté durant une demi-heure, pendant tout le temps que l'aérostat était plongé dans le nuage. Ce nuage était un nuage à glace d'une constitution toute particulière, dont on a lu précédemment la description.

FIN.

TABLE DES MATIÈRES.

5361   Paris. — Imp. Gauthier-Villars, quai des Augustins, 55.

www.ingramcontent.com/pod-product-compliance
Ingram Content Group UK Ltd.
Pitfield, Milton Keynes, MK11 3LW, UK
UKHW021629090726
13657UKWH00004B/1535